· 我的数学第一名系列 ·

# 牧羊犬云朵

［意］安娜·伽拉佐利　著　［意］伊拉里娅·法乔利　绘　王筱青　译

中信出版集团 | 北京

图书在版编目（CIP）数据

牧羊犬云朵 / (意) 安娜·伽拉佐利著 ; (意) 伊拉
里娅·法乔利绘 ; 王筱青译. -- 北京 : 中信出版社,
2021.2
　（我的数学第一名系列）
　ISBN 978-7-5217-2578-0

Ⅰ．①牧… Ⅱ．①安… ②伊… ③王… Ⅲ．①数学 –
儿童读物 Ⅳ．①O1-49

中国版本图书馆CIP数据核字(2020)第253887号

**牧羊犬云朵**
（我的数学第一名系列）

著　者：[意] 安娜·伽拉佐利
绘　者：[意] 伊拉里娅·法乔利
译　者：王筱青
出版发行：中信出版集团股份有限公司
　　　　　（北京市朝阳区惠新东街甲 4 号富盛大厦 2 座　邮编　100029）
承　印　者：天津海顺印业包装有限公司分公司

开　本：889mm×1194mm　1/24　　　印　张：5.25　　　字　数：120千字
版　次：2021年2月第1版　　　　　　印　次：2021年2月第1次印刷
京权图字：01-2020-0163
书　　号：ISBN 978-7-5217-2578-0
定　价：33.00元

出　品：中信儿童书店
图书策划：如果童书
策划编辑：安虹　　　　　责任编辑：房阳　　　　　营销编辑：张远
装帧设计：李然　　　　　内文排版：思颖

献给多梅尼科

# 目录

云朵的几何学 ＊初遇云朵 / 1

云朵是这样来到我家的 ＊云朵真调皮 / 4

最终它还是选择了我 ＊让它留下来 / 6

几何小组 ＊直线、线段 / 8

两种特殊的直线 ＊水平线、铅垂线 / 12

一次重要的相遇 ＊角 / 15

聪明的古巴比伦人 ＊量角器 / 18

有点难懂的几何语言 ＊欧几里得几何 / 20

几何图形 ＊多边形 / 22

三角形 ＊等腰三角形、等边三角形、不等边三角形 / 24

它们都有自己的名字 ＊几何图形的表示方法 / 26

一个要用到小棒的游戏 ＊三角形两边之和大于第三边 / 27

一定会发生的事情 ＊三角形内角和 180 度 / 29

牧羊犬云朵 ＊几何的由来 / 30

长方形和正方形 ＊周长相同时正方形面积更大 / 32

巧做三角板 ＊直角三角形 / 34

新书架 ＊三角形的稳定性 / 36

云朵的新窝 ＊几何的应用 / 38

一个古老的问题 ＊正方形的面积（勾股定理的一个变形） / 40

就像放大缩小一样 ＊等比例绘图 / 43

打赌吗？ ＊相似三角形 / 46

烦恼 ＊云朵遇到之前的小主人 / 48

幸运的是，还有阿图罗 ＊矩形的对边相等 / 49

最短的路线 ＊点到直线的距离 / 51

像探险家一样 ＊几何图形的高度 / 53

走钢丝 ＊重心 / 55

从一个纸条到很多图形 ＊菱形、平行四边形、梯形 / 58

一个套一个 ＊几何图形的关系 / 59

云朵，还是云朵！ ＊菱形与正方形的相同和不同 / 61

照镜子 ＊对称图形、对称轴 / 63

两面镜子 ＊正多边形 / 66

认真思考的力量 ＊正五边形 / 67

铺地板 ＊正六边形、正八边形 / 69

为了不再争吵 ＊标准单位 / 71

测量轮 ＊长度的测量工具 / 74

能得到周长的"食谱" ＊长方形的周长和面积公式 / 76

被迫跑圈！ ＊长方形的周长公式 / 78

天才的发明 ＊三角形的面积公式 / 80

所有的图形都想"变身"长方形 ＊平行四边形、

梯形的面积公式 / 81

另一种策略 * 菱形的面积公式 / 83

唯一可以安心的图形 * 正方形的面积公式 / 84

为了成为科学家 * 圆的周长公式 / 86

奇怪的地板 * 勾股定理 / 88

圆形大变身 * 圆的面积公式 / 90

像小拇指一样思考 * 逆运算 / 93

一条弯弯曲曲的路 * 开平方 / 95

它们一样吗? * 全等 / 98

神奇的"数钉子" * 皮克定理 / 99

3D * 维度 / 101

掷色子 * 正方体 / 103

它占多少空间? * 长方体的体积 / 105

一块石头的体积 * 不规则物体的体积 / 106

止咳糖浆 * 立方厘米、毫升 / 108

怎样买牛奶更环保 * 长方体的表面积 / 109

诺贝尔奖之路 * 两点之间线段最短（1） / 111

云朵是最棒的 * 两点之间线段最短（2） / 114

# 云朵的几何学

我觉得几何对所有人都有用，甚至对云朵也是。云朵是一条走丢了的小狗，现在它属于我。有时候它想叼着骨头钻进狗窝，好踏踏实实地大啃一顿，却怎么也钻不进去，因为狗窝的洞口太小了。它根本不会想到只要歪一下头，把骨头斜过来，沿着对角线的方向就能进去了！

这其实是一个几何小窍门。但是云朵却不知道，而我想要教会它。

云朵能成为我的狗，这件事说起来真的很不可思议。

一天午饭后，我在房间里安安静静地坐在书桌前写语文作业。我要写一篇作文，是关于这个学期读过的最好的小说的。因为不知道选哪篇小说来写，为了寻找灵感，我时不时会向窗外看一眼。突然，我想到一篇圣诞假期里读到的小说，那是一个让人悲伤的故事，主角是一只在半夜里被杀掉的小狗。我来了灵感，开始专心写起来。

过了一会儿，我看见玻璃外面有一只纯白色的小狗，它正用鼻子拱窗户，想进到我的房间里来。实在是太不可思议、太神奇了！

最夸张的是，我家住在五楼，而我的窗户外面只有一个特别窄特别窄的小房檐！

我完全不敢相信自己看到的，自言自语道："我在做梦吧！"我像梦游一样站了起来，走过去打开了窗户。它立即跳到了书桌

上，又跳到了地上，然后一直盯着我看，尾巴摇得欢快极了！

我马上大声叫我妈妈和弟弟，他们正好在家，立刻来到了我的房间。看到小狗，他们脸上也是一副难以置信的样子，都认为是我把它从外面带回来的……我跟他们说小狗是怎么从窗户外面进来的，妈妈飞快地跑到窗户前，想看看这到底有没有可能。弟弟在妈妈怀里，也想看一看。看完以后他们坚持说："就是你从橄榄球场带回来的，别瞎说了……"我觉得很委屈，大哭了起来，就像那时校长不相信联欢会的标语是被风刮坏的一样。

妈妈后来费了好半天劲，终于弄明白了小狗是怎么来到我家的。我叫它"云朵"，因为它全身上下都是纯白的，隔着玻璃看去，它就像天空中的一朵云彩。

# 云朵是这样来到我家的

　　一天，马斯特兰杰丽太太（她跟我们住在同一层）在市场买东西的时候，看到一只白色的小狗（云朵）差点被一辆摩托车撞到。她想帮小狗寻找主人，市场里的人说这是一只流浪狗。马斯特兰杰丽太太特别善良（她还送过我盘子），就把它带回了家。刚开始云朵很开心，甚至会待着一动不动让别人抚摸它。但当云朵看到"羽毛"——一只跟他们一起生活的黑猫，云朵就开始追它，一直追着跑到了阳台上。马斯特兰杰丽太太心想，"你们就慢慢在那儿玩吧"，就转身回了厨房。在她做饭的时候，羽毛想舒服地打着小呼噜待会儿，不想被云朵追来追去，就跳到了房檐上。云朵想都没想，也跟着跳了上去。

　　房檐越到后面越窄，窄到只能通过一只特别瘦特别瘦的

猫，比如羽毛，云朵却体型太大过不去，也转不过来身子掉头回去，所以它才用鼻子拱我的窗户，可我还以为是在做梦！

看，这就是平面图：正方形的阳台是马斯特兰杰丽太太家的，长方形的阳台是我家的，在阳台的外面有一圈房檐（我涂上了红色）。蓝色的长方形是我的书桌，刚好对着窗子。

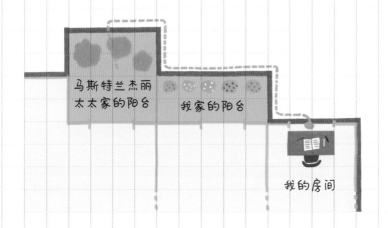

马斯特兰杰丽
太太家的阳台　　我家的阳台

我的房间

在妈妈和马斯特兰杰丽太太说话时，云朵一直在旁边摇尾巴。我很伤心，要是云朵能留下来多好呀，可它却要回到马斯特兰杰丽太太家了。

# 最终它还是选择了我

自从那天以后，我会时不时在楼道里遇到云朵。马斯特兰杰丽太太用一条漂亮的狗绳牵着它，每次见到我它都特别兴奋，有一次，它甚至使劲冲过来把我撞倒了！而最美妙的事情发生在我跟爸爸一起到公园骑自行车的那一天。从公园回来，我们浑身都是汗，想要马上换衣服，不然会感冒的。当我走进房间时，见到了世界上最不可思议的事：房间的窗户敞开着，而云朵正在床上等着我呢！

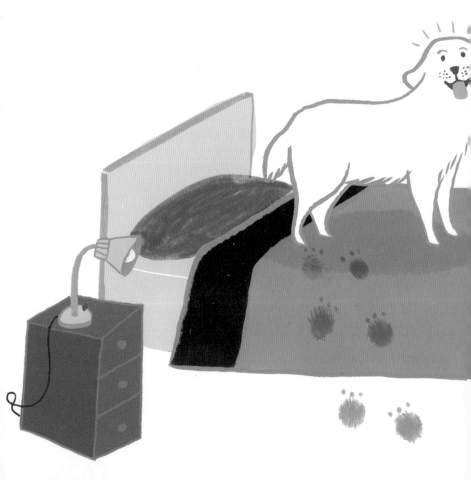

爸爸也不敢相信自己的眼睛。妈妈一开始有点生气，因为云朵在床单上踩了好多爪子印。但是她马上就抚摸了它。弟弟则把自己的饼干分给了它。后来，马斯特兰杰丽太太来了，说了一句非常棒的话："毫无疑问，这只狗是真的想和你在一起，所以让它留下吧，留在你们家里。"

对我来说，马斯特兰杰丽太太是我遇到的最好的邻居了。

# 几何小组

我们班同学几何都学得非常好，因为大家分成了几个小组，每个小组都以一个几何图形作为标志。以前班里也分过小组，不同的小组以各种不同的颜色为标志。我是绿色小组的，因为我所在的橄榄球队队服上就有绿色——其实是黑色和绿色。

一开始，我选的是正方形小组，但是这组人太多了，老师就劝我换到直线小组。她说，如果没有直线，很多几何图形都不存在。于是我就同意了。

直线小组的同学要带一些绳子到学校。因为几何学是从直线开始的，所以老师也希望从绳子的故事开始讲。故事是这样的：在古埃及，那个法老统治的年代，人们在尼罗河沿岸耕种，这样就能获得灌溉用水。但是尼罗河经常泛滥，大水会淹没岸边的一切，到处都变得泥泞不堪，过去田地的边界自然也找不到了。这时就需要专家来重新划定土地，于是绳子就派上用场了：专家们把一根根木桩钉进地里，用绳子把它们连起来，再把绳子绷得直直的。然后，一个人用尖头木棍沿着绷紧的绳子在地上画出直直的线。这样，田地的边界就重新画好了。

这就是为什么几何写作 geometria[①]：geo 的意思是土地，而 metria 的意思是测量，合在一起就是土地测量，也就是田地

---

① 英语中写作 geometry。无论是英语还是意大利语，这个词的词根都是古希腊语。——译者注

的测量。所以，一切都源自古埃及人对田地的测量。

那些重新划分田地边界的专家，今天我们管他们叫几何学家，而在当时，他们被称作"拉绳子的人"，仔细想想也挺合适的。

这个故事里我最喜欢的部分是，当你说"拉一条直线"的时候，其实就是在说"拉一条绳子"。换个角度想一想，直线（linea）不刚好是一条亚麻做的绳子①吗？实际上，现在你说的话跟古埃

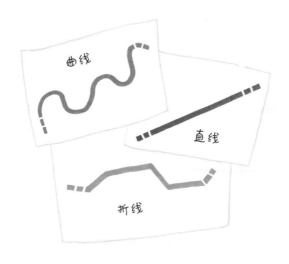

① 意大利语的"直线"（linea），源自拉丁词根中"亚麻"（linen）一词。——译者注

及人说的是一样的。听完这个故事后，我们用绳子组成了好多图形，而其他同学把它们画在了笔记本上。

直线有一个特点特别好，就是一旦开始画，自然就知道应该怎样继续下去。没错，一旦你知道了直线的方向，只要向前或者向后"拉"就行了，也就是朝一头或者另一头延伸（千万不要从直线的一头跳到另外一头）。我以前觉得，曲线是象征着犹豫不决的人的线条，而直线对应的是坚定果断的人。

直线其实也是急性子人的线条，因为它是两点之间最短的线。这点连云朵都知道。我跟它玩扔球的时候，它都是立刻沿着直线冲出去把球捡回来，因为这样跑的路程最短。每当它回到我身边，我就会摸摸它的头。

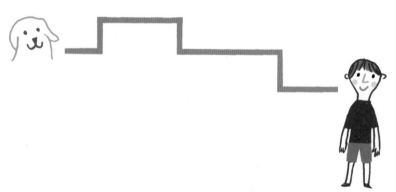

折线就好比是云朵从马斯特兰杰丽太太家来我家时走的路线。它倒是想走直线过来，不过要沿着房檐走，就必须时不时转个弯。

过去我不知道，原来用绳子也能画圆，只要像下面这样做就行。

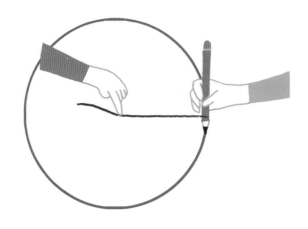

今天我还学到了：直线上两个点之间的部分，称为线段。

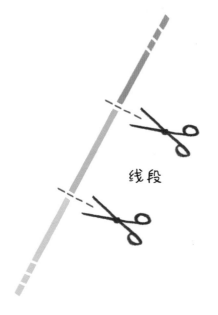

线段

# 两种特殊的直线

在所有直线中，有两种非常特殊：水平线和铅垂线。在我们周围存在很多这样的直线。比如，你从海面上望去，远处海天相接的那条水平线，就是海平线。如果你的城市不在海边，也可以这样做：拿一个透明的容器，比如你的小鱼缸，把它装上水，然后留心看它的水面。你发现了吗，就算鱼缸斜向一边，你看到的水面也总是水平的，这个面就叫作水平面，而沿着水平面画的那条线就是一条水平线。

要是你愿意，还可以沿着水平面在墙上画一条线。听完老师的话，我马上跑去画了一条。云朵在那儿看着我画，什么都不明白。我刚把装满水的容器放到地上，它就跑过去猛喝了一通。

我们已经非常习惯这些水平线的存在了：如果一幅画挂歪了，没沿着水平线放，我们马上就会察觉到，因为这会让我们觉得不舒服。

每个人的家里，都有无数条水平线。在我的房间里，在床对面的墙上，我找到了天花板的边缘、书架的隔板、窗子的边缘、佐罗海报的两条边，还有其他很多条。要发现它们很容易，因为它们的方向是一致的。老师告诉我们，一面墙上的所有水平线都是相互平行的——就算你把它们无限延长，它们也永远不会相交，这就叫作"平行"。

水平线

而如果你想要找到垂直的直线，可以这样做：拿一条绳子，在一端绑上一个重物，再拿着另一端让重物垂下来。用铅笔沿着绳子画一条线，就是一条铅垂线。很简单吧。

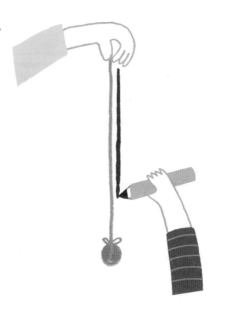

在我的房间里，也有很多条铅垂线：在床对面的墙上，有佐罗海报的另外两条边、大衣柜的边缘、窗户的边缘……老师说铅垂线也是相互平行的。

铅垂线

水平线和铅垂线都有一点不好的地方，就是你不能把它们画在纸上。因为只要你把纸稍转一下，它们可能就不再是水平或者垂直向下的了。所以你必须得把它们画在一个不会转动的地方，比如墙上……

水平线

我不再是垂直向下的了

我不再是水平的了

# 一次重要的相遇

当一条水平线遇到一条铅垂线时，会发生一件特别重要的事：

它们构成的四个角是完全一样的，而每一个角都叫作直角。

如果你把一个直角三角板放在上图中每一个角上，就能看到三角板上的直角与每个角都能完美吻合。所以你在画直角时，可以用直角三角板比着画。

在学校里，我们用插在冰激凌上的小扇子来学习角度。贝亚特丽切家是开咖啡馆的，她给我们每人带了一个。

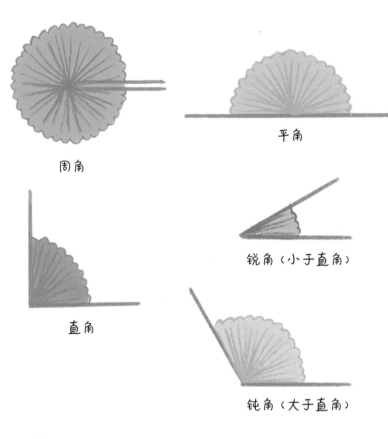

周角

平角

锐角（小于直角）

直角

钝角（大于直角）

要注意的是：

尽管这两个小扇子大小不同，一个大一个小，但没关系，它们张开的角度是一样的——最重要的，是你把扇子打开了多少。

这就好比手表，表盘的大小一点也不重要，因为你看时间只需看两个指针间的角度。

对了，你还要记住：两条直线相交，如果它们之间形成了直角，那么它们就叫作互相垂直。很简单，垂——直。如果听到有人说"我把铅垂线放下来"，而不是"我要画铅垂线"，你可不要吃惊。他会这么说，是因为他正想要把绳子一端的重物放下来，这样就可以让它跟水平线相交了。

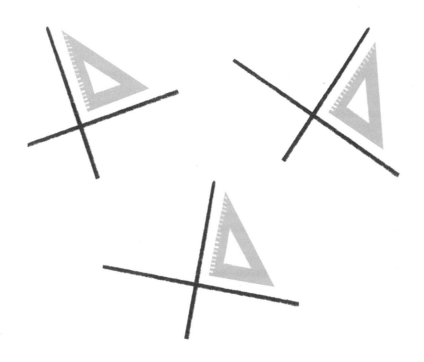

贝亚特丽切说，下一次除了小扇子，她还要给我们带冰激凌或小点心（我觉得小点心更好，因为它们不会化）。

# 聪明的古巴比伦人

在一片特别美丽的半月形土地上，曾经生活着一个特别有智慧的民族，他们就是古巴比伦人。跟古埃及人一样，他们也耕田种地，但幸运的是，他们的河流不会泛滥。为了知道什么时候可以播种，他们通过研究季节的变化，发明了日历。他们把日历做成了圆形，因为他们认为一年有 360 天，所以把圆分成了 360 份，每一份代表一天。

当他们发现一年其实有 365 天（有些年份比这还要多）的时候，就把日历换了，只是这时他们已经习惯把圆划分成 360 小份了。这就是为什么用来测量角度的工具量角器，整个圆被划分成了 360 份，每一份代表的角都是一度（也有一种半圆形的量角器，划分成了 180 份）。

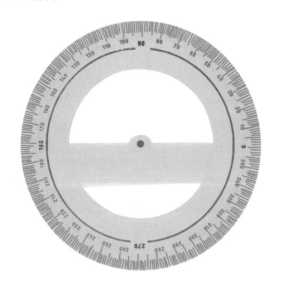

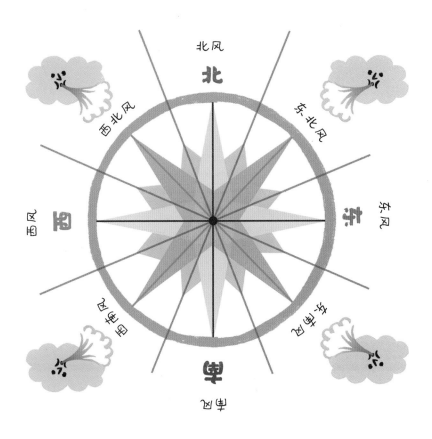

直角是 90 度的角，而平角是 180 度的角。你也可以用一个小圆圈表示"度"，直角和平角分别写作 90° 和 180°。这样写比较省事。

我们用量角器画了风玫瑰。正对着 0° 的是东风，45° 是东北风，90° 是北风，135° 是西北风，再加上其他几种风，一直到 315° 的东南风，一共是 8 种。最后一个又回到了第一个的位置，所以 360° 跟 0° 的位置是一样的。

在海边的时候，我们都不喜欢刮东南风，因为刮来的全是热风。

# 有点难懂的几何语言

在学习几何时，我们要学习很多难懂的词。老师说，有些词是古希腊人发明的，他们继古埃及人之后，绞尽脑汁地研究各种形状：那些可以用来建造的形状，在自然界中可见的形状，或者靠想象力创造出来的形状。

古希腊最著名的学者叫欧几里得，他写了一本关于几何的书，有13卷。尽管他已经去世两千多年了，但是现在全世界的小朋友依然在按照他书中的理论学习几何。所以，我们学习的几何也称作欧几里得几何，这么叫就感觉好像几何是他的一样。

欧几里得是个很特别的人，对谁都很不客气。有一次，他对法老说，如果法老想要学习几何，也必须像其他平民一样，因为没有专门给法老的更简单的办法。说得法老哑口无言。

学习是必须要下功夫的，但与此同时我们也可以学得很开心！

有一次，一个学生问他，几何到底有什么用。我认为这个问题问得很好。但不知道为什么，欧几里得听了很生气，他给了这个学生一枚硬币，说："学习几何是因为它非常美妙，并不是为了挣钱。你走吧，去学别的东西吧！"他真是有点冲动。

我们跟老师一起，把新的几何词汇写在一张板报上，然后贴在了教室里，这样就不会忘记了。F班的同学偷偷来看过，就为了偷学我们这个点子，哼！

# 板报1

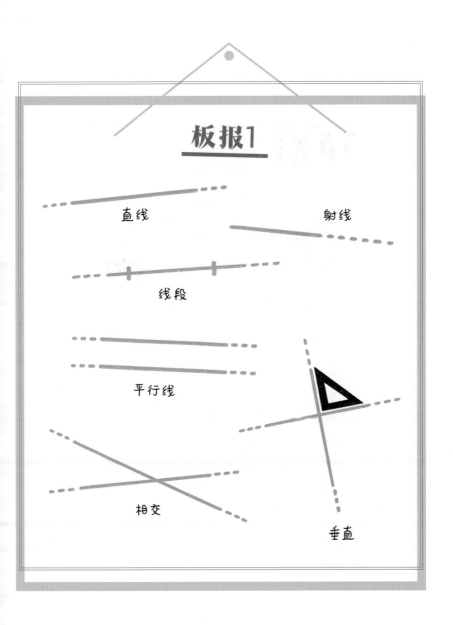

直线

射线

线段

平行线

相交

垂直

# 几何图形

　　小朋友们都认识的几何图形有三角形、长方形、正方形和圆形。其实我们每天都能见到它们。

　　关于它们，我知道的有：

　　三角形的边最少。没错，少于三条边就没办法组成多边形。你可以试试看，一定需要至少三条边。

　　长方形所有的角都是直角。它有四条边，每条边都跟它对面的边一样长。

　　正方形很像长方形，不过它所有的边都相等。我更喜欢正方形，因为它特别方方正正。

　　这些图形之所以叫多边形，是它们有很多条边。这其实很好理解：三角形有三个角三条边，长方形和正方形有四个角四条边。我知道"poli"是"很多个"的意思①，我跟马尔科去的体育

① 意大利语中多边形写作"poligono"，其中"poli-"源自希腊语"polys"，意思是"很多个"。——译者注

中心就叫 polisportivo，在那里可以玩好多项运动。

圆自成一体，因为它一个角也没有。你可以用圆规画一个圆形，这样可以保证圆上所有点到圆心的距离总是相同的。这一点非常重要，尤其对自行车来说——如果车轮上的辐条不一样长，那你骑的时候就会觉得一颠一颠的。圆的轮廓线叫作圆周，这点大家都知道。

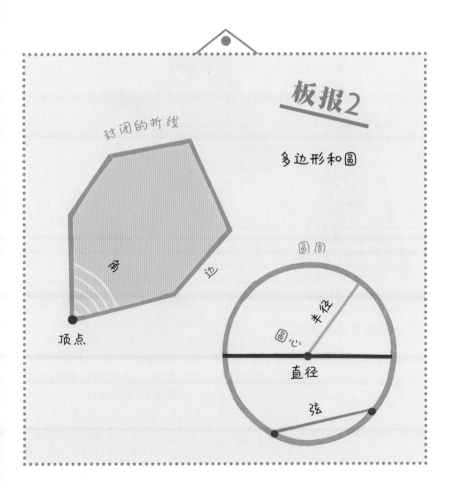

封闭的折线

**板报2**

多边形和圆

角

边

顶点

圆周

半径

圆心

直径

弦

# 三角形

在画三角形的时候，你可以选择把三条边都画成一样长，或者只有两条边一样长，或者每条边都不一样长。你还可以给它们起好玩的名字，就像电影里的印第安人一样：白笔、红鼻子、大长腿……

三条边一样长的三角形
（等边三角形）

两条边一样长
的三角形
（等腰三角形）

三条边都不一样长的三角形
（不等边三角形）

三角形小组的同学把剪报带到了学校，这样大家就能看到我们身边究竟有多少三角形了。

剪报里有很多图案，老师选择了这几个：

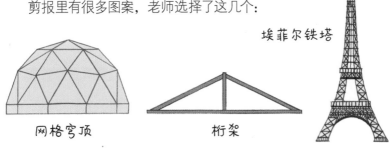

网格穹顶　　　　　桁架　　　　　埃菲尔铁塔

她选择这些图案，是因为通过它们可以让我们了解三角形是多么有用。如果你试着压三角形的一个顶点，它是不会变形的，不像其他边比它多的图形那样会变形。不信你看！

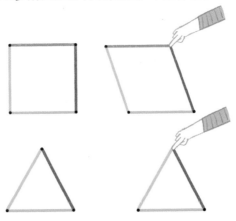

这就是为什么人们会把三角形用在需要受力的地方，比如用来支撑房顶和桥梁等。那个网格穹顶之所以能够耸立在那里，就是因为它全部是由三角形构成的！还有硬纸板，如果硬纸板内部有很多小的三角形结构，它就能变得特别坚固！边最少的图形反而最坚固，这真的很奇妙！

我用等腰三角形的纸折的飞机，飞得特别快，每次跟马尔科比赛我都能赢。

# 它们都有自己的名字

任何一个事物都有自己的名字，点、线段和几何图形也不例外。当我们要谈论它们的时候，就可以直接叫名字了。

比如，这两条线段就有不同的名字。

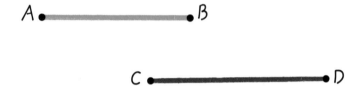

上面的那条叫作线段 $AB$，而下面的那条叫作线段 $CD$。要给线段起名字，只要给线段的起点和终点，也就是它的两个端点起名字就行。数学家喜欢用大写字母给"点"命名。

做作业时，我给马尔科打电话，他说"画一个三角形 $ABC$，$AC$ 作为底边"，我马上就听懂并画了出来。

# 一个要用到小棒的游戏

我们把用来拼图形的小棒，放在教室柜子里的一个筐子里。今天，我们闭着眼睛，每人从筐子里选出三根，用来拼成一个三角形。而贝亚特丽切却拼不出来，因为她不能把她选的三根小棒相互连起来。

是的，红色的那根实在是太长了！后来我们才明白，它必须要比另外两条边加在一起短才行！

这正是一条规律：三角形的每一条边的长度，都要小于另外两条边的和。

最棒的是，连我的腿都知道这条规律。从 *A* 点出发到达 *B* 点，如果我想走最短的路，我的腿知道最好不要绕远通过 *C* 点，这样就不会被累到！因为在一个三角形里，任意一条边都小于另外两条边的和。

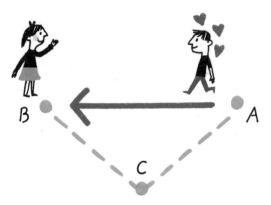

但是要记得，如果你看到好朋友在马路另一边，你过马路时哪怕要多走一点路，也一定要走人行横道，因为这样比斜穿马路更安全。

我们还用小棒做了另外一个实验：组成的角的度数越大，角对着的小棒就越长。这很明显。

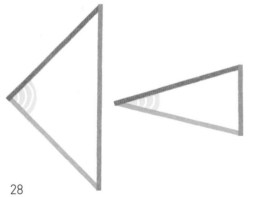

28

# 一定会发生的事情

有些事在几何里是确定会发生的，我很喜欢这一点。比如三角形的角。把三角形画在一张纸上，然后像下面这样剪开，再把三角形拼在一起，你就会发现它们可以组成一个平角。

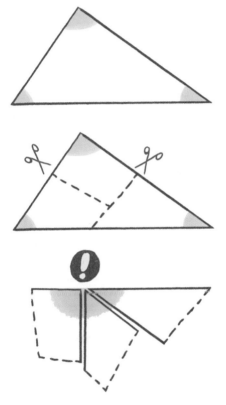

试一试吧。

就算你用无数个不同的三角形来试，结果都是一样的：每一次，三角形三个角的和，都等于一个平角！这是欧几里得发现的。他把几何里一定会发生的事情称为定理。

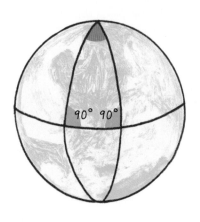

**板报3**

注意！
这条定理并不适用于
球面。在球面上，
一个三角形的内角和，
可以比180°大得多！！

# 牧羊犬云朵

　　我非常喜欢下面这个故事。很久很久以前，原始人几乎什么都不会做。所以，为了寻找食物，也为了免受严寒的侵害，他们会从一个地方迁徙到另一个地方。他们一般睡在山洞里，最多睡在棚屋里，没有固定的房屋。直到有一天，他们发现把某些种子埋在地里可以长出好吃的蔬菜，就在靠近河流的地方开始耕种。后来，他们又学会了种植一些东西给动物吃，或把自己吃的东西匀给它们一些，就开始驯养马、绵羊、母鸡……还有狼，狼可以用来看守其他动物！云朵的远亲竟然是狼，这大大出乎我意料——在被人类驯服前，狗就是狼！自从知道了这件事，我觉得

我应该对云朵再好一点——如果它愿意，原本可以非常凶猛，但它现在却特别温顺，只因为它非常喜欢我。

云朵是一条马瑞马牧羊犬，我从网上查到，这是意大利最古老的狗的品种之一。能跟这种牧羊犬相比的只有那不勒斯獒，但我更喜欢云朵。我们带它去散步时，它依然想扮演牧羊犬的角色：它把我们聚集在它身边，如果有人稍微离远了点，它就会马上跑去把他叫回来。我觉得它是希望自己能对我们有用处，以此来"报答"我们的友谊。而我知道，我一直都会是它的朋友！

回到几何上来，老师给我们讲这个关于原始人的故事，是为了让我们知道，有了农业和畜牧业之后，人类开始建造房屋。为了建造房屋、牲口棚、街道，当然还有开垦田地，人类开始思考形状和尺寸——这就是几何。

正因为如此，欧几里得和他的书才取得了巨大的成就。但这并不全都是他的功劳，因为很多事情人们早就已经知道了。

# 长方形和正方形

　　人类最初建造房屋时，不想把房子建成跟棚屋一样的圆形，觉得还是建成长方形或者正方形的比较好。这样两栋房子可以共同使用一面墙，就可以节省很多力气。很聪明，不是吗? 这是我们在一部关于撒丁岛的纪录片里看到的。在纪录片里，原始人建造了一种很古老的房屋，名叫努拉吉，是圆形的，用石头堆砌而成。后来腓尼基人来了，他们非常能干，把房子建成了长方形和正方形的。有座博物馆还建了一个类似的模型，里面有好多小人儿，方便小朋友更好地理解。而古罗马人比腓尼基人还要厉害，他们建造了很多城市，修建了很规整的街道，这些街道相互垂直

　　　　南北走向的大街
　东西走向的大街

或平行，就像一个个网格一样。这个我知道：在阿斯泰利克斯和奥贝利克斯的电影里，罗马人的营地就是正方形的。

古罗马人很喜欢正方形，甚至把建造用的砖都做成正方形的。我们去阿尔巴富辰斯时见过，那是一个很古老的罗马城市。通过实验，我们发现了关于正方形的一件很有意思的事。我们把一条绳子围在了一个长方形方块拼图外面，一共围住了16个小方块。

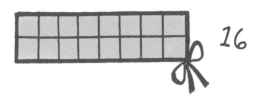

老师说："不要解开绳子，看看你们能不能用它围住更多的方块。"我们试了又试，最后成功地围住了25个小方块：因为我们把这些小方块排成了正方形的形状！

所以，正方形赢了长方形，因为当周长相同的时候，正方形的面积更大！

马蒂亚得意极了，因为他就是正方形小组的。比安卡很平静地对他说："你看，其实正方形也是一个长方形！只不过它有点特殊，所有的边都一样长，但它依然是一个长方形！"比安卡是我们班学习最好的。

# 巧做三角板

过去，在建造正方形和长方形的房子时，人们必须要非常用心，因为要把建筑的角建成直角很难，有时候角度小了，有时候角度又大了。最用心的要数古埃及人。他们在建造金字塔的正方形基座时，如果角度不正确，金字塔就会建歪了，而他们就会被法老抓起来。后来，他们就用绳子发明了一个特别巧妙的办法，用起来就像我们现在画图时用的三角板一样。

他们把绳子平均分成 12 段，每一段打上一个结，然后把绳子系成下面的形状。

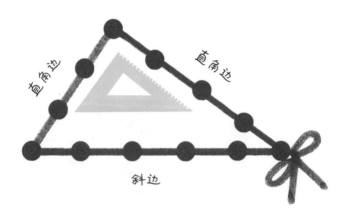

直角边　　直角边

斜边

这样就可以保证，在这个三角形中一定有一个角是直角！

我们直线小组的同学在课堂上也仿照着做了一个，确实如此。你也可以试一试。

从那以后，带有一个直角的三角形就变得特别重要，每个同学的笔袋里都有一个这样的三角板，这样的三角形叫作直角三角形。直角对着的边叫作斜边，这个词在希腊语中的意思是"直角下面绷直的绳子"。另外两条边叫作直角边，意思是"垂直的两条边"。这很好理解。

斜边总是比直角边长，因为它对着的角最大！

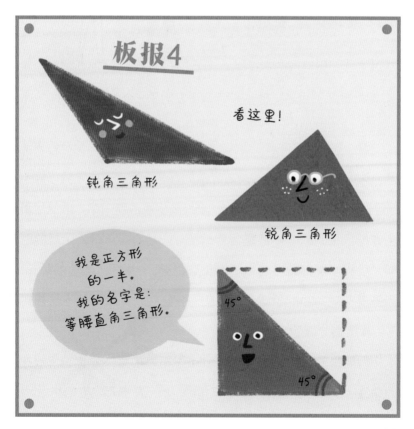

板报4

看这里！

钝角三角形

锐角三角形

我是正方形的一半。
我的名字是：
等腰直角三角形。

45°

45°

# 新书架

　　我小时候用的书架，现在上面全是弟弟的玩具。他有好多玩具，除了别人在圣诞节和生日时送的那些，还有一些是我已经不玩了的。于是，我们就去买了一个只属于我的新书架。我选了黑色和绿色相间的——还是因为橄榄球。趁着弟弟跟云朵玩的时候，我和妈妈把它组装好了。包装箱里有一根杆比其他的都长，用来安在对角线的位置上。我们一把它装上，书架就不再摇晃了。真是太神奇了！

　　我明白了，这根长杆是为了让书架不再摇晃——你把它放在对角线上的话，就形成了两个三角形，而三角形不易变形！

这根长杆就叫作对角线。我也明白，为什么它比其他的边都要长：这是肯定的，因为它是两个直角三角形的斜边！

如果云朵能听懂我的话，我就会对它说："你看到了吗？对角线比其他的边都要长！记住这点，尤其是当你想把骨头叼进窝里的时候⋯⋯"可惜它听不懂意大利语，所以我想直接通过练习训练它。

我没有对角线！

对角线

只有三角形没有对角线，其余的多边形至少有两条。只要在图形内把两个不相邻的顶点连起来就得到了对角线。实际上，对角线的意思就是"把角穿起来的线"。

现在你明白为什么脚手架上总会有对角线了吧？因为这样它会更结实，不会晃动！

# 云朵的新窝

我长大以后想当工程师，而现在我就开始试着为狗狗做窝了——为云朵做的那个就特别成功。云朵的窝是我和堂哥古列莫一起做的，就在上周日他来我家的时候。很幸运，我们在车库里找到了三块正方形的板子，马斯特兰杰丽太太的儿子帮忙把板子从正确的位置锯开，而我们只需要把它们钉起来。

古列莫比我大，狗窝的设计图是他画的，不过我也帮了点忙。而云朵不但一点忙都没帮，还一个劲地捣乱。我们一直对它说："乖乖的，我们正在给你做一个漂亮的窝……"可它最后甚至把油漆桶都打翻了！

我们把两块正方形板子各分成了两半，变成了几个长方形，用来搭建狗窝两侧较长的墙壁和屋顶。

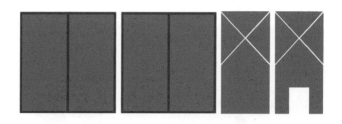

用另一块板子，我们做出了狗窝的正面和背面。每一面都是一个正方形带一个直角三角形，用来支撑房顶。然后，在其中的一面上，我们开了一个小门洞。最后，还剩下六个三角形没有用上。我们把它们都留了起来，说不准什么时候就用得着了呢。

狗窝的图纸就附在这本书的最后，你可以剪下来，用一点胶水做成一个小狗窝。我给弟弟做了一个，他把它跟其他玩具摆在一起，放在了书架上最漂亮的格子里。我非常开心。

为了给云朵做窝，我几乎用上了我认识的所有多边形：长方形、正方形，还有三角形。我一边做，一边复习了几何……（用奶奶的话说，这是把正事和游戏结合了起来！）

# 一个古老的问题

人们发明几何，是因为要测量土地、建造房屋和其他建筑，还因为人们很喜欢思考，尤其是古希腊人。有些人把思考当成工作，他们被称作哲学家。有一次，柏拉图，一个名字很有趣的哲学家，出了一道题，想看看他的奴隶是不是懂得思考。

他说："这里有一个正方形，你试着把它画成现在的两倍大。"

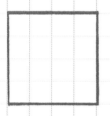

他的奴隶立即把边画成了原来的两倍长，形成了一个新的正方形：

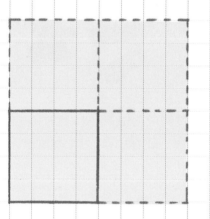

就在画的时候，其实他已经明白，这个正方形比两倍要大得多，它是原来正方形的四倍大！在柏拉图的帮助下，经过思考和

40

分析，他知道了：要画一个是原来两倍大的正方形，应该把原正方形的对角线当成新正方形的边长。就像这样：

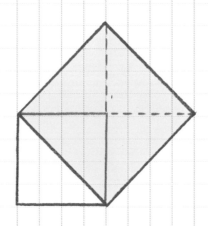

事实上，你一眼就能看出它是原来的两倍大，因为它是由四个三角形组成的，而原来是两个！

我们进行了一次比赛，看看谁能画出等于老师的正方形一半大的正方形。

索菲娅做到了。她看了柏拉图的图就明白了：新正方形的边长应该等于原正方形对角线的一半。

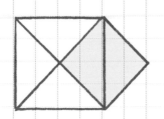

还是老师画的图最漂亮：

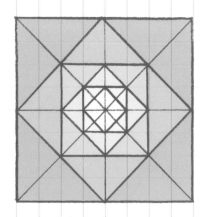

每一个正方形都是它里面那个正方形的两倍大。按照这个方法，你可以无穷无尽地画下去！

在学校里，有时候我们也会进行需要思考的猜谜比赛。然而，不管怎么说，柏拉图作为一名思想家，我认为他应该想到奴役别人是不对的。

# 就像放大缩小一样

索菲娅养狗也有一段时间了，她的狗也是纯白色的，跟云朵一样。

她给狗起名叫布兰克，因为她妈妈是西班牙人，而布兰克正是白色这个词在西班牙语里的发音。索菲娅很会驯狗。有一天，她决心教会布兰克做件事：当她从学校回到家时，布兰克能把拖鞋叼给她。周四，她邀请我去家里玩，我就见识到了。我们到了她家，她妈妈一开门，布兰克就跑到她房间里叼来了拖鞋，一次叼一只。索菲娅骄傲极了，很明显她是想让布兰克比云朵更厉害。

回到家，我也试着教云朵做同样的事情。可云朵根本不想学，它早就养成了另一个习惯：每当听到我回来的声音，它就嘴里叼着球，马上跑到门后等着和我玩……进屋后我会拿过球，把球扔得远远的。它会飞快地冲出去，把球捡回来放在我脚边，摇着尾巴……

如果我不是很饿，就会到阳台上继续跟它玩，不然就吃过午饭再去玩。今天午饭后我没有去，因为外面正在下雨，而且我想待在房间里把放大图画完。有一个非常棒的方法，可以让我们随意地把图放大或缩小，就像相机的变焦一样。我在一张格子纸上，用之前画的狗窝设计图做了实验。

方法是这样的：我拿来一个画有较大方格的本子，非常耐心地把狗窝原图一个格子一个格子地照搬过去。因为大方格的边长是原图方格的两倍，所以每条线就变成了原来的两倍长；又因为每个大方格是小方格的四倍大，所以新的图也变成了原来的四倍大。但是它们的形状是一样的。

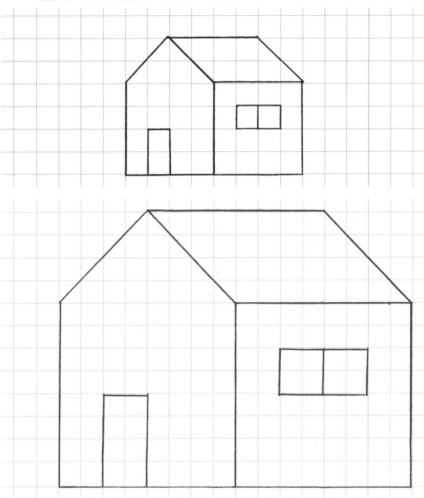

　　这其实就是地图绘制员用的方法。在大地图上意大利很大，在地理书上意大利很小，但是形状是一样的，它们是相似的。

# 板报5

把两只蝴蝶上
对应的角涂上相同的颜色。
它们的角度是相同的!

# 打赌吗？

你想和我打个赌吗? 赌我是否能不爬高就测出灯柱的高度。只要一个特别简单的方法，这是我跟泰勒斯学的，就是那个测量出金字塔高度的数学家。

我是这样做的：白天，我站在灯柱旁边，让马尔科量出我影子的长度。如果我的影子跟我的身高一样，那灯柱影子的长度也就和灯柱的高度一样。所以只要用卷尺测出灯柱影子的长度，不用爬高就能知道灯柱的高度了。

如果我的影子长度只有身高的一半，那说明灯柱影子的长度也只有灯柱高度的一半。只要把灯柱影子的长度乘以 2，就能知道灯柱的高度了。

总之，灯柱和它影子的比例，与我和我影子的比例一样。这和画放大图的道理一样，因为它们可以组成两个相似的三角形。

# 烦恼

　　奶奶总说，烦恼让人成长。而发生在我身上的这件事，可真是把我吓坏了。我是真吓坏了，吓得心脏都要爆炸了。事情是这样的：午饭后，我像往常一样带着云朵出门。突然，我看到云朵飞快地跑向一个小女孩，那小女孩正跟她妈妈一起走着。我马上叫道："云朵，云朵，回来，快回来……"它假装没听到，继续向前跑着。当小女孩看到云朵时，也开始朝它跑过去，叫道："白雪，白雪，我的宝贝！"云朵跑得像一道闪电那样快，当他们终于相遇时，它高兴得上蹿下跳，尾巴摇个不停，还使劲舔小女孩的手……小女孩想抱住云朵，但是云朵实在是太高兴了，一刻都停不下来。我马上就明白了：这个小女孩是它以前的主人。

事实正是如此，小女孩对我说："谢谢你，谢谢你帮我找到了它。"

我觉得自己快要死了。我的腿在发抖！妈妈走过来安慰我。小女孩还想知道我的名字，但是我一点也不想说话，因为我太难过了。

我觉得烦恼只会让人痛苦，根本不会让人成长！

# 幸运的是，还有阿图罗

后来，又来了一只狗，它比云朵个头儿大很多，一直非常生气地叫着。小女孩的妈妈给它系上了皮带，试图把它拉得离云朵远一点。但是它叫得越来越凶了，直到小女孩松开了云朵，跑过去抱住它才停止。小女孩说："不用担心，阿图罗，你也是我的狗狗。你放心，我是不会离开你的。"

我差点哭了，但是我坚强地牵过了云朵。这一点也不公平，她有两只狗，而我一只都没有！没错，小女孩的妈妈也是这么说的。她说，现在小女孩的狗是阿图罗，而白雪（她也这么叫它）可以跟我待在一起。

我跟云朵回了家，一起吃了美味的小点心（云朵吃了狗饼干）。我真是吓坏了！我做作业的时候，云朵就趴在我的脚边，时不时地舔舔我。它肯定是想告诉我："放心吧，我也很开心能留在你身边。"看看云朵的眼神我就明白了。

而我的作业是：找出从家到公园最近的路。

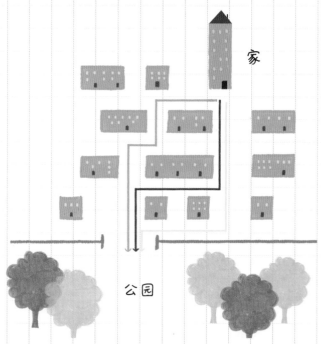

我心想："这次一路跑回家，我肯定马上就能把作业做完！"而事实是，没有一条路是最近的，三条路的距离是一样的。

# 最短的路线

有云朵当朋友我真的很幸运，因为它会帮我做作业，帮我找到解决问题的灵感。就像我要回答这个问题：从点到直线最短的路线是哪条？

我思考的时候想到了那次我们去海边郊游，当时云朵也在，我带着它下了水，但是它立即沿着与沙滩垂直的路线，迅速游回了岸边。即使它上岸的地方离我们的太阳伞还有一段距离，它选的路线肯定也是最短的，因为它可害怕被淹死了……

想到这儿，我用直角三角板画了一条垂线，老师在下面评论道："非常好。"这是我得到的第三个"非常好"啦！

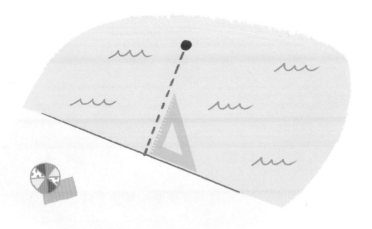

老师说，如果要从一个点以最短的距离到达直线，这条路线一定是垂线。这就是点到直线的距离。

所以，我要给你一个建议：如果你在海里游泳时腿抽筋了，想要马上回到岸边，你应该沿着海岸的垂线游回去！

## 板报6

你知道怎么在这条直线
下面 2 厘米的地方，
画一条它的平行线吗？

试一试吧。

P.S. 建议你使用三角板！

# 像探险家一样

想要弄明白下面这件事，你得把自己想象成一名丛林探险家。当道路畅通没有危险的时候，你可以安心地漫步；如果不想被别的动物看见，或者想要穿过一个低矮的通道，你就得匍匐前进。你还是你，不过你的高度变了。

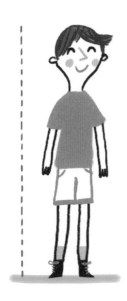

对于图形也是一样的：图形的高度取决于你怎么摆放它们，但是它们的形状是不变的。

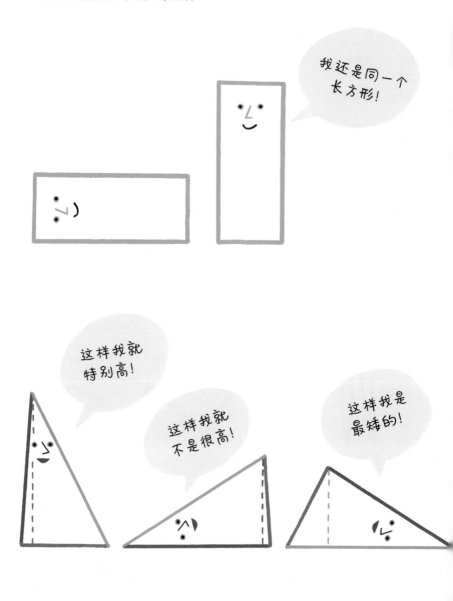

# 走钢丝

有一次，我看到一个走钢丝的人，他在两座楼之间一条绷得笔直的钢丝上行走。为了避免掉下来，他用一根长杆帮忙，一会儿往这边移移，一会儿往那边挪挪。真是太厉害了！

今天，我们做了一个类似走钢丝的找平衡游戏：我们要把一块三角形的板子，放在一个顶端是尖角的底座上，而且不能让它掉下来。没有一个人成功。我们十分气馁，想要放弃，老师教给了我们一个不会失败的方法。

方法是这样的：找到三角形每条边的中点，然后分别把这三个点与它对面的顶点连起来，这样就会形成三条线段（也就是中线），它们会相交于同一个点。你把三角板的这个点对准底座的尖角放置，它就会水平地静止在那里，不会掉下来！

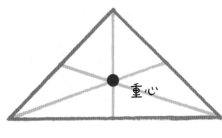

重心

你对准的这个特殊的点就叫作重心，意思是重量的中心点——就好像所有的重量都集中在这个点上。每一个图形都有自己的重心，正方形和长方形的重心都在对角线的交点上，而圆就更简单了，它的重心就是圆心。

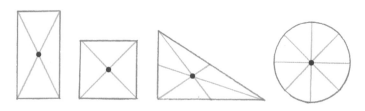

我们明白这些道理后，做了一个特别好看的动态雕塑，就像考尔德[①]先生展览上的那个。我还做了一个送给弟弟，他玩得很开心，一直对着它吹气，这样它就会一直转呀转。我很想成为一个走钢丝的人，我想云朵也一样。有时候，当黑猫羽毛悠然自得地走在阳台的栏杆上时，云朵总会出神地盯着它看。有一次，云朵甚至跟着羽毛上了房檐，结果被吓坏了，后来它就再也不敢尝试了。

①亚历山大·考尔德（1898 — 1976），美国雕塑家，动态雕塑的创始人。他将机械工程理论运用于雕塑创作，使之借助空气流动呈现动态。——编者注

# 板报7

这个长条形纸板要怎么放，才能在手指上保持平衡呢？要把它的中间对准手指来放。

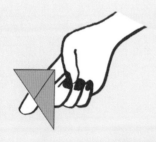

如果把长条形纸板换成三角形的，让它在手指上保持平衡，就要沿着三角形的中线放在手指上！

中线把所有与三角形底边平行的线，都平分成了两份。

中线

# 从一个纸条到很多图形

今天在学校，每个同学都得到一个长长的纸条。我们把它剪成各种各样的形状，做成了好多有着重要名字的图形。

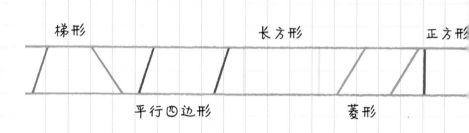

斜着剪两下，我们就得到了梯形；平行剪两下，就有平行四边形；对着纸边垂直剪两下，就马上得到一个长方形。还有菱形和正方形，只要我们剪的时候，把相邻的边剪得一样长就好，而正方形的边是垂直于纸边的，就跟长方形一样。

所有这些图形来自同一个纸条，就像是来自同一个家族的亲戚，都长得有点像。实际上，它们都有两条平行的边——老师是这么说的。为了能够更好地记住它们，她让我们画在一张板报上。而且，老师很注重用科技效果呈现，她把我们带到计算机教室，让我们用电脑把这些图形画了出来。我们觉得自己像科学家一样，特别有意思。

58

# 一个套一个

我是这样思考的：云朵是一只马瑞马牧羊犬，牧羊犬是一种狗，狗是一种动物，动物是一种生物。我画了好多个圆圈，就像我们画数集的时候一样。

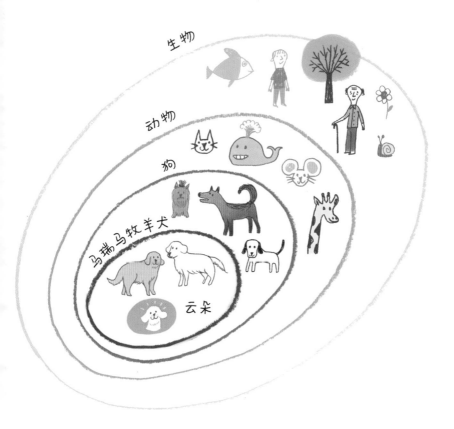

我马上就明白了另外一个关于几何图形的图。

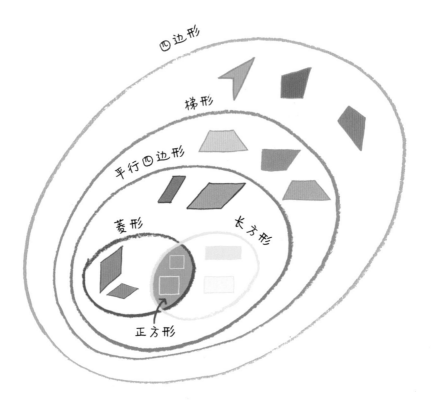

四边形指的是由四条线段首尾相接围成的封闭图形，梯形是一组对边平行的四边形①，平行四边形是另外一组对边也平行的梯形，菱形是四条边都相等的平行四边形，长方形是所有角都是直角的平行四边形，而正方形是所有角都是直角的菱形或四条边都相等的长方形。

虽然云朵自己并不知道，但它真的让我明白了很多事。

---

① 这里的梯形并没有强调另一组对边的关系，所以包含了平行四边形的情况。——编者注

# 云朵，还是云朵！

下图中左边是云朵的正面，而右边是云朵的侧面。

它们都是云朵！

下图中左边是一条边"着地"的正方形，而右边是一个点"支在地上"的正方形。

它们都是同一个正方形！

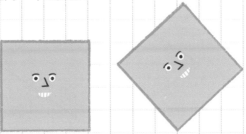

我想给你解释这点，是因为一开始我以为它不再是一个正方形，而是一个普通的菱形了。实际上并不是这样。不然的话，换了个角度的云朵就变成另外一只狗了，我真是太傻了。

如果要辨别一个四条边都一样长的图形是不是正方形，不应该看它的位置，而应该看以下两个条件：它所有的角是不是都是直角，或者它的对角线是不是一样长。只要满足了其中一个条件，你就放心吧，另一个也一定会满足的!

为了不让自己搞错，我在画一个普通菱形而不是正方形时，会从对角线开始画：我先画两条垂直的对角线，一条长一条短，相交在中点上。然后我再画它的边，那么四条边肯定是一样长的。

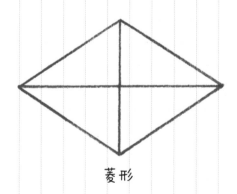

菱形

# 照镜子

当云朵第一次看见镜子里的自己时，那情景可把我乐坏了。它冲着镜子里的那条狗叫，并且越来越生气，因为对方也在冲它叫……就这样，对方回应一声，它就叫一声，一直叫个不停。后来，它还绕到了镜子后面，想要找出那个家伙。

在学校，我们用镜子做了好多实验。我们画了四叶草的一半，然后把画放在一面镜子旁，像变魔术一样，它一下子就变得像一棵完整的四叶草了！

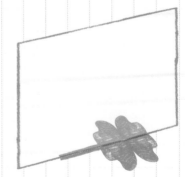

老师说，如果出现了这样的情况，就说明这个图形是对称的，而镜子边所在的那条直线就是对称轴。

然后，我们拿着镜子去找其他的对称图形。原来，从外观上看，我们的身体也是对称的，还有花瓶、椅子……但单看我们的手，却不是对称的。

所有图形中最对称的是圆。你把镜子放在它的任意一条直径上，都能看见一个完整的圆。只要你把一片圆纸沿直径对折就明白了，因为它们总会重合在一起。

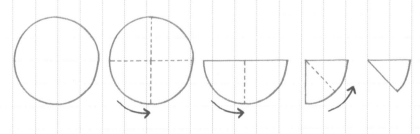

在正方形里，我们找到了四条对称轴，而在长方形里只找到了两条。

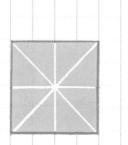 

利用这些对称轴，你就可以为生日聚会做很多漂亮的装饰，就像这样：拿一张正方形的纸，把它沿着对称轴对折再对折，直到折成三角形。

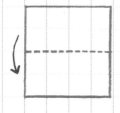   

再沿着三角形的边剪一剪，你可以按照自己的想法，想怎么剪就怎么剪。看！最后完成的图案多好看！

我还想为云朵庆祝生日，但是我不知道它是什么时候出生的。没准我会选我在床上发现它的那一天，那一天我永远记得——10月11日。

 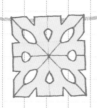 

# 两面镜子

把下图中几面镜子角对角地组合在一起，我们成功地创造出几个很漂亮的多边形图像。我们拿了三个三角形，分别放到两面镜子之间。第一个三角形通过反射，形成了一个正五边形，第二个形成了一个正六边形，而第三个则形成了一个正八边形。

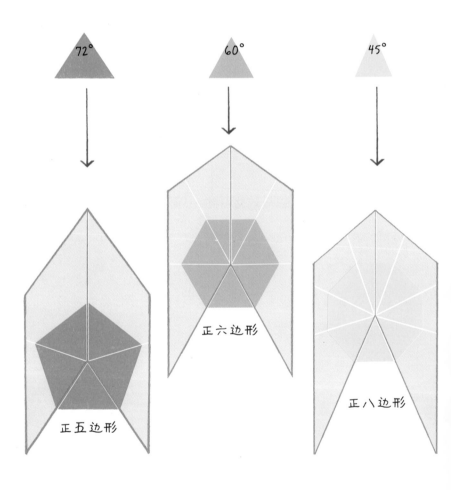

72°

60°

45°

正六边形

正五边形

正八边形

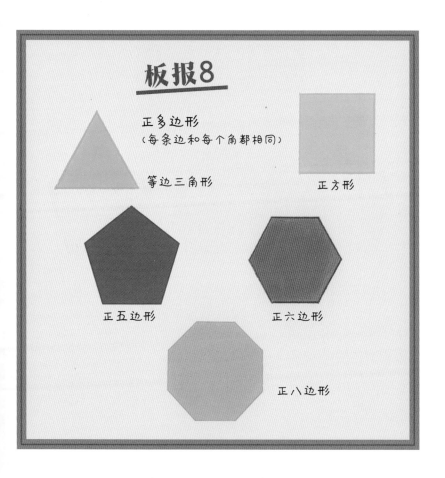

板报8

正多边形
（每条边和每个角都相同）

等边三角形

正方形

正五边形

正六边形

正八边形

# 认真思考的力量

我很喜欢几何还有另一个原因：它能让你明白思考的力量有多么强大。

今天，我们成功地测量了正五边形的角的度数，没有用量角器或其他工具，完全靠思考的力量。开始的时候，老师帮了我们一点小忙。她建议把正五边形划分成三个三角形，然后说："把三个三角形的角都涂上红色。"我们照着做了。她又说:"再把正五边形所有的角涂上红色。"可是那些角已经都被涂好了,因为它们就是三角形的那些角!

所以,正五边形所有角的和,等于三个三角形所有角的和。计算三个三角形的角度之和很简单,一共是三个平角,也就是 $180° × 3 = 540°$。

因为正五边形每个角的角度相同,所以我们把这个总和除以5:$540° ÷ 5 = 108°$。

贝亚特丽切还用量角器检查了一遍,确实如此,每个角都是108°。

我觉得，几何不仅能帮忙建造那些对我们有用的东西，还像个能够强健我们头脑的"健身房"。

要是云朵的头脑变聪明了，会发生什么？没准当它想要埋伏起来吓唬羽毛的时候，它会挖空心思想出一个聪明的办法……而可怜的羽毛会立刻弓起身子，竖起全身的毛。堂哥说，这是羽毛为了让自己显得更大更强壮，让云朵害怕。可是，云朵从来都不会害怕！

## 铺地板

人类建造房屋的技术越来越好了，就想把房子建得更加漂亮。在学校，我们试着用正五边形铺一种艺术地板，结果发现了一件特别奇怪的事：我们的想法行不通！只用正五边形的地砖，没办法把地面全部铺满。认真思考一下，你就能明白为什么了：因为正五边形的每个角都是108°，把三块地砖拼靠在一起，就形成了一个324°的角，而我们需要的是360°的角，这样地面才不会留下空隙！

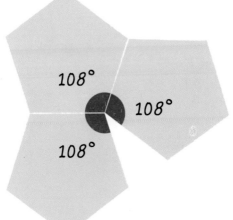

所以，仔细想想你就能发现，如果想全部用一样的地砖来铺地面，可以用的正多边形只有以下几种。

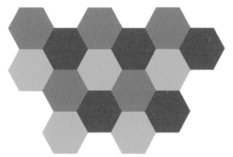

蜜蜂很喜欢正六边形。它们储存蜂蜜的蜂巢就是用蜂蜡制成的正六边形。我从书中了解到，这样它们就能用最少的蜂蜡，建造出最大的储蜜空间。真是太聪明了！

板报9

如果你想用正八边形铺地面，还需要用到正方形！

# 为了不再争吵

原始人慢慢有了许多东西，经常吵成一团，因为他们没办法判断，谁的东西多谁的东西少。所以，他们发明了数字。从那以后，他们就开始记数，不再争吵了。

除了数字以外，为了判断一个东西比另一个东西大还是小，他们又发明了尺寸。让我印象特别深的一个单位，是古埃及人用的"拃"，它是用来测量长度的。一拃就是法老的手（他本人的手！）张开后从大拇指尖到小拇指尖的长度。

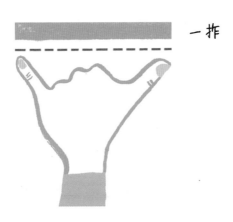

一拃

有几次在橄榄球场上，我用步子测量距离。但是马尔科并不同意我的测量结果，因为他比我高，步子也比我的大。古人也受这种问题困扰，最后决定统一用一种单位来测量长度——米。

老师买来一卷很长很长的带子，给了我们每人一米。如果要

测量的长度小于一米，可能就要用分米、厘米或毫米表示，可以
分别简写为 dm、cm、mm。

——————————————————————————————— 1分米

————— 1厘米

— 1毫米

　　要测量一个平面的大小，比如地板、墙壁，或盒盖子、书桌
的桌面，人们决定统一用小正方形的面积作为单位。

你看得
见我吗?
我是
1平方
毫米
(mm²)!

我是1平方分米 (dm²)!

我是
1平方厘米
(cm²)!

是这样量的：用一些大小一样的正方形，比如1平方厘米大小的，把右边的图形全部覆盖上，然后数一数一共有多少个正方形。

我们可以说，这个图形的面积是16平方厘米。

面积就是图形表面的大小。

（我量了一下自己的一拃，是15厘米。这样我就可以用我的手去量我想量的任何长度了。你也可以试试哟！）

制作一个你自己的"平方厘米"，量量图形的面积有多大！

**板报10**

你可以用上右边这个示意图，这样换算的时候就不会错了。

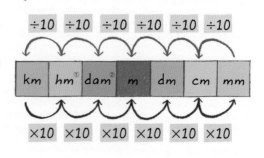

## 测量轮

学校里有一个柜子，里面装满了各种工具。这些工具中，有一个特殊的轮子，可以用来测量特别长特别长的距离，比如一条街道或者一个足球场的长度。这个轮子特别巧妙，它每转一圈，

①② hm、dam 分别是百米、十米的简称。——编者注

数字就会跳动一位，因为轮子的周长是 1 米，所以最后你读一下数字，就能知道这段距离总共有多少米。真是个天才发明呀! 它是一位名叫希罗的古代数学家发明的。

我们跟着老师成功地测量了好多东西。我们还一起去了橄榄球场，马尔科拿着轮子，大家跟在他身后。我们测出了球场的长是 100 米，宽是 70 米。马尔科说："老师，长方形的两条对边是相等的，我们不用再继续测量了。现在可以玩了吗? "好聪明，不是吗? 老师同意了。

妈妈告诉我，自行车和汽车上的里程表，工作原理跟学校的测量轮是一样的。

用红笔把边长相同的图形连起来，再用蓝笔把面积相同的连起来。

板报11

# 能得到周长的"食谱"

数学家遇到问题时，会很好地解决问题，并把步骤写下来。这样下次再遇到相同的问题，就不需要从头再想一遍，能够节省时间。我们也要这样做——快点做完事情就能早去玩啦!

现在要计算这个长方形的周长是多少。

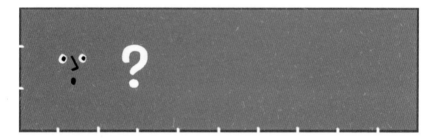

**1 厘米**

可以这样思考：我们从计算它的底加高的和开始，它们加起来是 13 厘米。然后，直接把 13 乘以 2，这样就比再加一个底和一个高快不少。没错，要计算周长，现在剩下的部分，就等于我们之前已经计算过的部分，所以马上可以得到计算结果：26 厘米。这个推导的方法很巧妙，我们把它记在了笔记本上，下一次就可以直接用了。所有边长的总和叫作周长。所以，公式是这样的：

**长方形的周长 =（底 + 高）× 2**[1]

---

[1]这里，作者把长方形的长看成底，宽看成高，以便于讲到梯形、三角形的面积能自然过渡。长方形周长公式一般表述为：（长 + 宽）× 2。——编者注

　这好像是一个能得到周长的"食谱"，有点像做蛋糕。一共需要两种"原料"——底和高。具体"制作"过程如下：先把两种"原料"加在一起，再把结果乘以 2。

　它代表一种推导形式，被称作公式。利用公式进行计算，就需要给出所需的数字。知道了长方形的底和高以后，你要把数字（也叫作数据）代入到公式中去。

　另外一个能为你节省很多时间的重要公式，是计算面积用的。要想知道一个长方形的面积，需要把一平方厘米的小正方形，一次又一次地放上去，直到长方形被完全覆盖住。听起来又费劲又有点无聊。而如果你意识到这个区域一共可以放 3 排小正方形，每排有 10 个，建议你直接计算 10×3＝30（平方厘米）。你可以把公式写在笔记本上：

**长方形的面积=底 × 高**

这个公式使用的"原料"跟计算周长的"原料"是一样的，只是使用方法不同，就像海绵蛋糕和早餐饼干都有各自的食谱。

老师说这两种点心的原料一样，但是制作方法不同。她对这方面很了解，因为她做的点心可好吃啦！开学的时候，她给我们带来了各种好吃的点心："希望新学期幸福开心！"马尔科吃呀吃，结果都吃撑了。

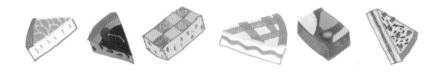

我和马尔科、马蒂亚还有其他人一起来到橄榄球场，训练争球和拦截，而练习得最多的是将球踢进球门。没错，射门是我们的弱点。

我们训练得很开心，积极性也很高，但后来不得不停了下来。因为我们第一次争球时，云朵以为其他人对我不友好，开始狂叫不止……后来，它还一口紧紧咬住了 F 班斯戴凡诺的裤子。我们无法让它安静下来，最后只能围着球场跑圈，云朵也跟着一起跑。我们一共跑了 6 圈，一下也没停，云朵也一样。

我算了一下，一共跑了大约 2 千米，可以算得上是一次很不错的训练！套入公式，球场的周长是：

$$周长 = (100 + 70) \times 2 = 340（米）$$

然后再把周长乘以6——我们跑了6圈，就是2040米，即2千米还多40米。真挺远的。(我换算的时候不会出错，因为我牢牢地记住了：1千米就是1000米。)

公式很有用，可以节省做作业的时间，因为公式是通过推导得出的精华。有了它，我们就不用每次都从头算了。

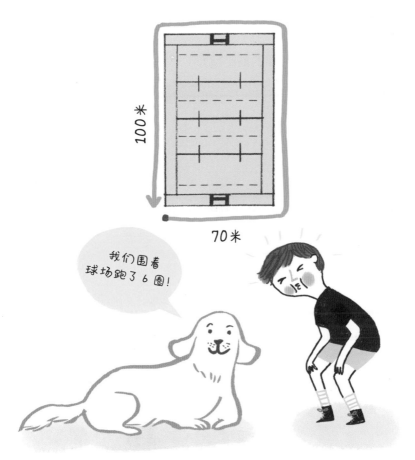

我们围着球场跑了6圈！

# 天才的发明

我觉得发明三角形面积公式的人非常聪明，但我不知道他是谁。

老师让我们画一个三角形，然后计算三角形的面积。我想这是不可能做到的。怎么能把它盖满小正方形呢? 这根本不可能嘛。

有人却想出了一个非常棒的办法，还通过推导解决了一切问题。他是这样思考的: 把三角形剪一剪摆一摆，让它一块不差地变成一个长方形，再用计算长方形面积的办法去算三角形面积。虽然形状不同，但重要的是面积大小一样。就像可以把一欧元换成两个五十分的硬币，虽然形式不同，但重要的是价值相同。

最棒的是，你根本不用绞尽脑汁去想该从哪个位置剪三角形：就从它高的一半的地方剪开。你可以利用剪下来的部分，组成一个与三角形底边相同的长方形，而高则变成了原来的一半。

这时，你就可以把公式写下来了：

**三角形的面积＝底 × 高 ÷2**

## 所有的图形都想"变身"长方形

平行四边形马上借鉴了三角形的想法，"变身"为长方形：它把自己的一块剪下来，拼到另一边上。就像下面这样：

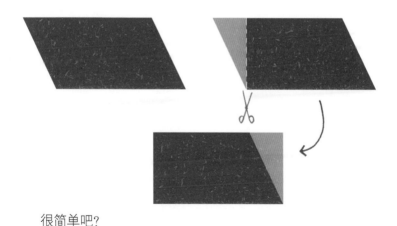

很简单吧？

**平行四边形的面积＝底 × 高**

梯形也想变成一个类似的长方形，但它为此要做更多的事情。

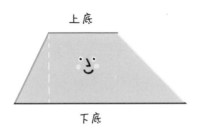

先要剪一个跟它一模一样的"双胞胎"梯形。然后把它们挨着拼起来。不过，要一个头朝下，另一个头朝上，这样就完成了平行四边形大变身！

接着，要把平行四边形变成长方形，只需要把它的一边剪下，贴到另一边去，就跟我们刚才做过的一样。老师却说："一个真正的数学家，从来不会重复相同的事情，而会利用已经知道的。我们已经知道了怎么计算平行四边形的面积，即用底乘以高。现在要计算梯形的面积，这倒是个新问题！"

贝亚特丽切数学学得很好，她是第一个想到下面这个公式的：

## 梯形的面积 =（上底＋下底）× 高 ÷2

其实我也想到了，因为梯形正是我们拼成的平行四边形的一半！而这个平行四边形的底边，是梯形的上底和下底加在了一起。

# 另一种策略

菱形使用的是另一种策略。它没有剪掉任何一个部分,而选择增加新的部分——4个一模一样的三角形,每边一块。

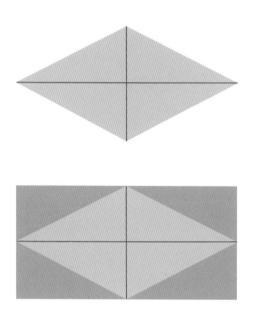

这样就也变成了一个长方形,它的底跟长的对角线一样长,而高跟短的对角线一样长。需要注意的是,这个长方形的面积是菱形的两倍!所以:

**菱形的面积 = 长的对角线 × 短的对角线 ÷ 2**

菱形的问题也解决了。你可以把这个公式写在笔记本上。

# 唯一可以安心的图形

唯一可以安心的图形就是正方形，因为它已经是一个长方形了！而且它的底和高是一样的，既不需要剪掉任何一块，也不需要加上任何一块。

正方形的面积 = 边长 × 边长

正方形很安心，数学家可不安心。只要有办法能更省事，他们就一定会再搞出些新发明。比如，不想把"边长"写两遍，干脆就这样写：

## 正方形的面积 = 边长$^2$

我们要牢记的是，那个写在"边长"右上边的小数字，它的意思是："边长乘以自己。"每个数字与自己本身相乘的积，都可以清清楚楚地在乘法表的对角线上找到！

所以，要计算学校门厅的面积其实很简单。它是正方形的，边长是 9 米，所以面积是 $9^2 = 81$ 平方米。我们的门厅很大，但还是不能装下我们所有人！

如果 1 平方米的面积可以站 4 个学生，那么 81 平方米一共能站 $81×4 = 324$ 个学生。

而我们学校一共有 570 个学生。

于是校长总是先让高年级的学生进来，10 分钟后再让其他年级的学生进来。

当遇到一个数字与它自己相乘的情况，比如 $9^2$，高年级学生会说 "9 的平方" 或者 "9 的二次方"，而不是 "9 乘以自己"。

你可以按照自己喜欢的方式去读。我喜欢说 "9 的平方"，它的结果是 81。

# 为了成为科学家

我不知道你是否想成为一名科学家，反正我想，我想成为一个能够发明解决问题的公式的人。我在听了老师讲的阿基米德的故事后，做了这个决定。阿基米德真是个特别伟大的天才！他除了发明数学公式外，还发明了很多超级机器，用来对抗入侵他的城市叙拉古的罗马人。他发明了投石机来投掷石块，发明了凸透镜来点燃罗马人的战船，还发明了杠杆——杠杆可是个超级装置，也许只用一个手指，就能不费吹灰之力地把一条大船搬运到海里！你明白了吧！他甚至发明了一个特殊的螺旋，它可以把水从低处引到高处。

我在网上找到了些图片，想做一个关于阿基米德的研究。

在学校里，为了成为科学家，我们做了一些相关训练——如果你想要有新发现，就得通过实验去不断练习。我们从家里带了一些圆柱形的容器，比如装番茄酱的罐子，做了一个很棒但很简单的实验。瓶瓶罐罐的种类特别多，每个同学的桌上都摆了一个（我带的是变形金刚图案的）。我们用卷尺量了圆柱的底面周长，然后又量了底面的直径。

最后发现，每一次测量，每一个圆柱的圆形底面，不论大小，它的周长总是直径的三倍多一点点。

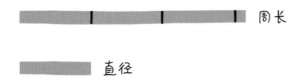

阿基米德也做过这个实验，他思考后得出结论，圆的周长是直径的 3.14 倍。他没有办法得出一个精确的数字，因为在 4 之后

还有好多位数字，无穷无尽，等我们再大一点就能明白了。而现在，我们把这个公式写在板报上，用它来帮助解题。

**圆的周长 = 直径 ×3.14**

（数字 3.14 叫作"派"，用希腊字母 π 表示，相当于 p，也正好是周长"perimetro"的打头字母。）

# 奇怪的地板

自从老师讲了下面这个故事，我走到哪儿都会盯着地板看，因为说不定哪天我也能灵机一动想出个非常棒的主意，没准我就出名了呢。故事是这样的。有一天，一个数学家去拜访他所在城市的领主。在宫殿里，他看到那里的地板都是由三角形拼成的，就像这样：

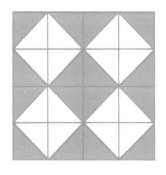

突然间他紧紧盯住一块地板，那块地板是一个直角三角形（我把它涂成绿色的了），说："看，这多奇怪啊，它斜边上的正方形正好是直角边上的正方形的两倍大。"因为它斜边上的正方形正好由4个三角形组成，而直角边上的正方形由2个三角形组成。

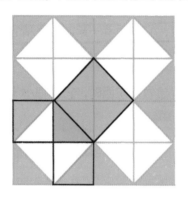

他因此想看看，用绳子围成的直角三角形是不是也这样。而结果确实如此。最后，这名叫毕达哥拉斯的数学家，成功地证明了这个情况总会发生，而且一定会发生。这是一条定理：在每个直角三角形内，以斜边为边的正方形面积，等于以两个直角边为边的正方形的面积总和。[①]这条定理太重要了，它还被打印出来作为一条重大消息由宇宙飞船送到了太空。科学家希望外星人能够截获它，并被这个了不起的发明吸引来地球做客。如果能见到外星人，我一定会高兴极了！

---

①即勾股定理，指直角三角形的两条直角边的平方和等于斜边的平方。——编者注

# 圆形大变身

云朵实在是太贪玩了，根本不明白我还要学习。有时候在我写东西时，它会把爪子搭到书桌上，想要抓住我写字的笔；当我高声复述历史故事时，它会跟着一起叫，我猜它可能觉得我正在跟一个透明人讲话；当我练习吹竖笛的时候，它也会跟着叫……可以想见的是，在我想做点东西时，它会把小零件一抢而光，藏到床底下！

而今天，我想让妈妈见识一件很巧妙的事，是老师教我们的，所以只得把云朵关到阳台上。（有弟弟在跟它玩呢！）

这是一个关于图形之间的平等问题。三角形、平行四边形、梯形和菱形，它们为了测量面积，都把自己变成了长方形。但是圆形呢，它到处都是弯弯的，该怎么办？它可没办法变成长方形。它能把自己变得像谁呢？

这看起来真的不可能，但是跟老师一起，我们成功地把它变成了一个三角形！做法如下：我们用彩泥做了很多细条，把它

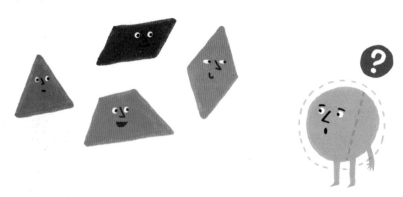

们组成了一个圆。

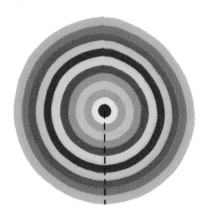

接着把它们剪开，一条一条地摞在一起，就"变身"成了一个三角形！

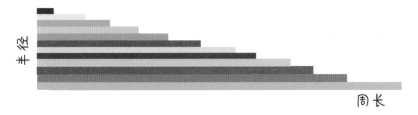

比安卡的彩泥条做得最细，它们形成的三角形不像台阶那样一阶一阶的，特别完美。

从今以后，要计算圆的面积，我们就可以像计算三角形的面积一样：周长相当于底边，而半径相当于高。

**圆的面积 = 周长 × 半径 ÷ 2**

妈妈非常喜欢这个实验，她称赞说："我的小科学家真棒！"真希望我的科学家之梦成真呀！

# 板报12

## 计算周长和面积的公式

边长 ⬜

周长 = 边长 × 4
面积 = 边长²

高 ▭ 底

周长 = (底 + 高) × 2
面积 = 底 × 高

高 底

面积 = 底 × 高

高 底

面积 = 底 × 高 ÷ 2

上底 高 下底

面积 = (上底 + 下底) × 高 ÷ 2

长对角线 短对角线

周长 = 边长 × 4
面积 = 长对角线 × 短对角线 ÷ 2

计算圆的周长和面积的公式

周长 = 直径 ×3.14

或者

周长 = 半径 ×6.28

圆的面积 = 周长 × 半径 ÷ 2

或者

圆的面积 = 半径² ×3.14

# 像小拇指一样思考

小拇指是童话故事里的小孩，被丢在了树林里。为了回家，他必须要反过来找到来时的路，不能出一点差错。他早就准备好了，沿着来时的路用面包屑做了记号。可惜的是，小鸟把面包屑全吃掉了。不过，最后他还是成功地找到了正确的路。我们也是，要解决下面这道问题，应该像小拇指一样思考和推理。

底 = 10 米
周长 = 30 米
高 = ? 米

题目是这样的：

一个长方形的周长是 30 米，底是 10 米。问：这个长方形的高是多少米？

要计算周长，我们用底加上高再乘以 2。现在我们要从周长出发，反推回去，就能得到高。

然而，数学家的路可不像小拇指的回家之路那样是真实存在的。

数学家用来计算结果的路，是加减乘除的运算……要把乘法倒推回去，就要做除法；要把加法倒推回去，就要做减法。所以，这个题目反推回去是这样的：

## 高=周长÷2-底

这样，计算长方形的高就很简单了：30÷2-10 = 5，也就是 5 米。

这就好比你搭了个房子，现在要把它一块一块拆掉，就要从最后放的那块开始，然后慢慢拆掉其他的部分。

这个公式叫作反向公式，因为你要把计算过程反过来。

# 一条弯弯曲曲的路

我把乘法表贴在了课桌上，以便随时查看，尤其是我要用正方形的面积反推边长的时候。

| 1 | 2 | 3 | 4 | 5 | 6 | 7 | 8 | 9 | 10 | 11 | 12 |
|---|---|---|---|---|---|---|---|---|----|----|----|
| 2 | 4 | 6 | 8 | 10 | 12 | 14 | 16 | 18 | 20 | 22 | 24 |
| 3 | 6 | 9 | 12 | 15 | 18 | 21 | 24 | 27 | 30 | 33 | 36 |
| 4 | 8 | 12 | 16 | 20 | 24 | 28 | 32 | 36 | 40 | 44 | 48 |
| 5 | 10 | 15 | 20 | 25 | 30 | 35 | 40 | 45 | 50 | 55 | 60 |
| 6 | 12 | 18 | 24 | 30 | 36 | 42 | 48 | 54 | 60 | 66 | 72 |
| 7 | 14 | 21 | 28 | 35 | 42 | 49 | 56 | 63 | 70 | 77 | 84 |
| 8 | 16 | 24 | 32 | 40 | 48 | 56 | 64 | 72 | 80 | 88 | 96 |
| 9 | 18 | 27 | 36 | 45 | 54 | 63 | 72 | 81 | 90 | 99 | 108 |
| 10 | 20 | 30 | 40 | 50 | 60 | 70 | 80 | 90 | 100 | 110 | 120 |
| 11 | 22 | 33 | 44 | 55 | 66 | 77 | 88 | 99 | 110 | 121 | 132 |
| 12 | 24 | 36 | 48 | 60 | 72 | 84 | 96 | 108 | 120 | 132 | 144 |

比如这道题：

一块 64 平方米的正方形田地，需要用多长的围栏才能全部围起来呢？要是不知道田地的边长，怎么才能知道围栏的长度呢？我用了乘法表，先由 64 得到 8，也就是边长，然后用 8×4=32，就算出了田地的周长是 32 米。这样问题就解决了。

由一个数字的平方，比如 64，找到这个数字本身——8，这个过程被数学家叫作开平方。开平方的符号很复杂，就像一条弯弯曲曲的路，表示数学家在提醒你要小心哟！

$$\sqrt{64}$$

我有个建议：当你见到这个符号的时候，不要害怕，只要把它转变成这个问题就可以了："哪个数字自己乘以自己得 64？"如果能在乘法表中找到，那很好；如果数字太大，你也可以使用计算器。

# 板报14

## 反向公式

边长 = 周长 ÷ 4
边长 = $\sqrt{面积}$

底 = 面积 ÷ 高
高 = 面积 ÷ 底
底 = 周长 ÷ 2 − 高
高 = 周长 ÷ 2 − 底

一条对角线 = 面积 × 2 ÷ 另一条对角线
边长 = 周长 ÷ 4

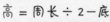

底 = 面积 ÷ 高
高 = 面积 ÷ 底

底 = 面积 × 2 ÷ 高
高 = 面积 × 2 ÷ 底

高 = 面积 × 2 ÷ 两底的和
一个底 = 面积 × 2 ÷ 高 − 另一个底

半径 = 周长 ÷ 6.28
半径 = $\sqrt{面积 ÷ 3.14}$

# 它们一样吗?

你觉得这两个图形一样吗?

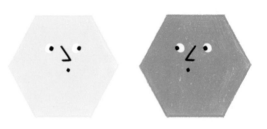

我认为一样,它们的形状一样而且面积相同。如果你把一个叠在另一个上面,它们就会重合。同学们也大多是这样认为的,而马尔科却说:"不,它们是不一样的,因为一个是黄色的,另一个是绿色的。"

就因为马尔科和那些跟他一样挑剔的同学,数学家不得不发明了一个新的名词——全等。他们不说上面这两个图形是一样的,而说它们是全等的。

这倒是更加精确了,但我们又多了一个新的、复杂的词要记。我特别想说:马尔科,我可真是要谢谢你了!

# 神奇的"数钉子"

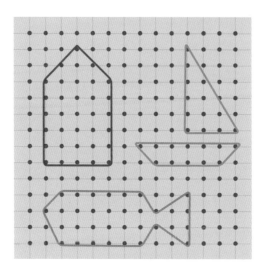

　　几何板就像个玩具。你几乎可以用它创造出任何你想要的图形，甚至是很滑稽的图形，而我们用它做了一个特别重要的实验。每个同学都做了一个长方形，还数出它一共由多少个小正方形组成。我做的长方形有 30 个小正方形。

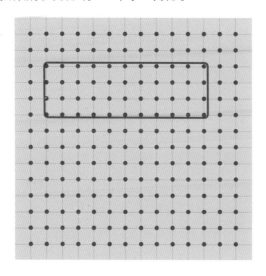

老师又让我们数了数图形里面和四条边上各有多少颗钉子。我的长方形里面有 18 颗，周边有 26 颗。

然后老师说："现在把它周边的钉子数变成原来的一半，用结果加上里面的钉子数，再减去 1，你们就会有很棒的发现！"

我马上就开始算：

$26 \div 2 = 13$

$13 + 18 - 1 = 30$

太神奇了，我得到了 30，正好是长方形的面积！别的同学算出来的结果，也等于各自长方形的面积。然后我们又用三角形做了实验。

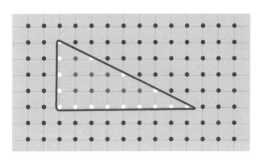

在我做的三角形里面一共有 9 颗钉子，边上有 16 颗。我又按照刚才的方法算了一遍：

$16 \div 2 = 8$

$8 + 9 - 1 = 16$

16 正是三角形的面积！没错，用公式"底乘以高除以 2"得到的结果就是 16：

$8 \times 4 \div 2 = 16$

我以为这个方法是老师发明的,但她说这是一个叫皮克的人发明的。我觉得他真是个天才! 这个公式可以用在任何一个图形上。最棒的是,你不需要用几何板,只要用方格纸就行,因为你可以自己想象出"钉子"来。

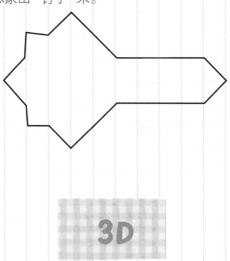

3D

去电影院的时候,我总是看 3D 电影,因为它们更好看,场景看起来很逼真。过去我一直不知道为什么叫作 3D 电影,直到今天在学校才终于明白。上课时,老师问了一个问题:这几个东西有什么共同的地方?

  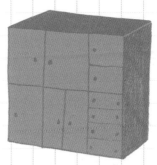

马蒂亚说："它们都出现在我的房间里。"大卫说："它们的原料都是树木，因为都是用纸或木头做的。"而正确的答案是索菲娅说的："它们的形状都一样! 这个形状的名字叫长方体。"没错，正是这样，它们只是尺寸不同，也就是长、宽、高不同。

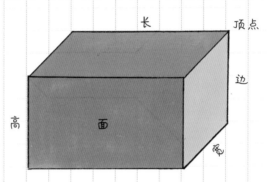

这三个尺寸叫作维度，所有占据空间的物体都有这三个维度，它们被称作立体图形。

而平面图形只能画在一张纸上，它们没有高度，只有两个维度：长和宽。

直线只有一个维度——长度。

点就更可怜了，它一个维度都没有。实际上，点就是用来表示位置的，比如针扎的一个孔。这个解释起来有点复杂，但我觉得理解起来其实很简单。

这样一来就很清楚了：3D 指的就是在空间里的 3 个维度。戴上电影院里给的眼镜，你看到的东西就都是立体的而不是平面的。

不知道给云朵看 3D 电影，它会是什么反应? 我觉得它会害怕。有一次它看到电视里有一只狗，就疯了一样使劲地叫!

# 掷色子

我们班的同学都十分了解正方体，因为从今年开学起，每天早上，我们都会用色子做一个实验，而色子正是一个正方体。

有一天，马尔科说 3 是一个幸运的数字，因为在掷色子时，它出现的次数比别的数字都多，起码对他来说是这样。于是，为了说服他事情不是这样的，老师让我们做了个实验。每个同学都买了一个色子，每天早晨上课前都会掷一下，然后在墙报上相应的数字下面打个"×"。慢慢地，墙报上画满了"×"。我们发现，没有一个数字出现的次数比其他数字更有优势。实际上，它们下面"×"的数量都差不多。马尔科慢慢地被说服了。

我们都知道，正方体上有 6 个一样的正方形。我觉得正是因为这样，才没有一个数字比其他数字更有优势！

我们用彩色硬纸板做了好多个正方体。边长是 1 厘米的，叫作 1 立方厘米。我们的教具柜里有一个很特殊的教具，因为它正好可以装 1 升的水，而它的边长是 1 分米，所以它叫作 1 立方分米。（每一升水的体积等于 1 立方分米）

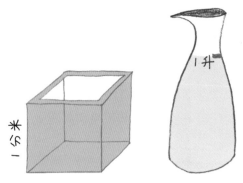

老师说，史前的小朋友也会玩色子。他们那时候还不认识正方体，所以就用羊踝骨代替，这块小骨头的形状几乎就是一个正方体。

也许他们还用椰子代替球来踢，谁知道呢……

# 它占多少空间？

云朵很聪明。它总是会做出正确的选择：每次一起玩时，我扔出去两个球，它为了能跑最短的路程，总是马上跑去捡离得最近的球；而如果我给它两块骨头，它就会先挑大的那块啃。所以，我认为它是会比较的，而且能分清哪个东西大哪个东西小，尽管它从来没有上过学……

长大以后，没准我会成为一名动物行为学家，就像那位动物学者，因为总是观察他养的鹅，最后成了一名科学家，还写了一本很棒的书《所罗门王的指环》①。

而在学校学习的我们，当然知道如何测量东西。要测量一个长方体的盒子占了多少空间，你可以把它里面装满1立方厘米的小块，看看一共能装多少块。

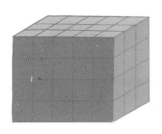

如果这个盒子刚好能装60块，那么它的体积就是60立方厘米。

下一次，你还可以变得更聪明。除了用小正方体装满外，还可以好好思考一下：如果在第一层放3排小正方体，每排放5个，

①该书是著名科普作家、诺贝尔生物或医学奖获得者洛伦茨的经典作品。——编者注

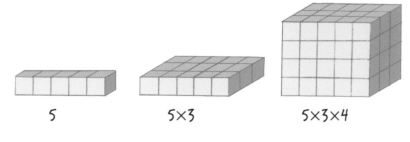

5                    5×3                    5×3×4

一共可放4层，这就等于把长乘以宽再乘以高。所以，从现在开始，你可以一直用这种方式计算，而不必再使用小正方体了。

**长方体的体积=长 × 宽 × 高**

用这种办法，你就可以测量砖头的体积了，因为你肯定不能把砖头里面都装满小正方体！

## 一块石头的体积

我们班几乎所有的同学都想成为科学家。我们特别喜欢做实验，还成功地计算出了一块石头的体积，用的是老师想出来的一个特别聪明的办法。

我们先把一个容器里面装满水，直到水与容器的边齐平。然后扑通把石头放进去，石头挤占了水的空间，水就会溢出来一些。于是，我们马上就明白了，只要量一下那些溢出来的水的体积，就能知道石头到底占了多少空间。

因为事先已经想到了，所以我们放了一个大容器来接溢出来的水，然后把这些水装进1升的瓶子里，总共装了2升的水，所以石头的体积就是2立方分米！我还想量一量自己身体的体积，没准可以用浴缸量……但最好让妈妈帮我，这样她就不会骂我了！

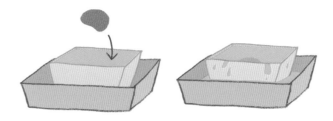

## 板报15

要测量你身体的体积，你要把自己浸没在澡盆里（包括你的头，一定要注意安全哟），然后请别人用笔沿水位线做个记号。
你从澡盆里出来以后，用一个1升的瓶子装水，一瓶一瓶地倒进澡盆里，直到达到刚才标记的水位线。
你身体的体积就等于你倒进去的水的体积，有多少升就有多少立方分米！

# 止咳糖浆

弟弟咳嗽了，一晚上都在咳。后来，云朵也醒了，开始不停地叫。一晚上谁都没睡着。

今天早上医生来了，他给弟弟一瓶神奇的糖浆，说："每八小时要服用5cc[①]。"我不知道cc是什么意思，妈妈告诉我："cc是立方厘米'cubic centimetre'的简称。"

幸运的是，药盒里有一个小杯子，每一立方厘米的位置就有一个刻度。其实我已经想好了，我准备做一个1立方厘米的小盒子，然后用糖浆将它倒满5次。

在学校里，我又学到了：1立方分米等于1000立方厘米。没错，每层有100个1立方厘米的小盒子，共有10层。

---

① cc为非法定的体积单位。——编者注

所以，1立方厘米是1升（1立方分米）的千分之一，而千分之一升叫作1毫升。

我用的浴液包装上写着"250ml"，也就是250毫升。妈妈发现它卖1.5欧元，而1升装的卖5欧元，所以她决定买大的那瓶，这样每升可以节省1欧元。我同意妈妈的做法，因为这也能节省一点塑料。滥用的塑料正在污染我们的星球，这太不幸了！

## 怎样买牛奶更环保

我们的老师非常注重环保，她总是教我们要尊重环境。我们班也成了垃圾分类的冠军，而且我们从来不会浪费纸张、玻璃或其他任何东西。以前我们不知道，几何其实也可以用来帮我们避免制造多余的垃圾！我们做了一个实验，就是为了要弄明白怎样可以节省牛奶包装盒用纸。

我们拿来两个包装盒，一个是1升的，另一个是半升的。然后把它们剪开，测量它们各用了多少包装纸。

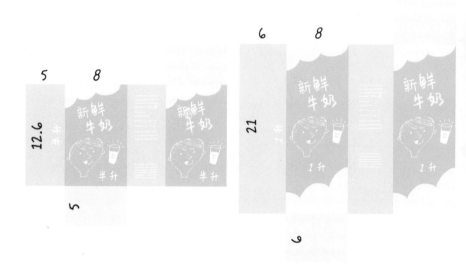

**侧面的面积:**

$(5 + 8 + 5 + 8) \times 12.6 = 327.6 \ (cm^2)$

**底面的面积:**

$8 \times 5 = 40 \ (cm^2)$

**总面积:**

$327.6 + 40 \times 2 = 407.6 \ (cm^2)$

**侧面的面积:**

$(6 + 8 + 6 + 8) \times 21 = 588 \ (cm^2)$

**底面的面积:**

$8 \times 6 = 48 \ (cm^2)$

**总面积:**

$588 + 48 \times 2 = 684 \ (cm^2)$

我们的发现是：1升的包装盒一共用了684平方厘米的包装纸，半升的包装盒需要消耗407.6平方厘米的包装纸，而两个半升的包装盒则要消耗815.2平方厘米的纸。所以，如果你注重环保，当你需要1升的牛奶时，最好选1升的大包装，而不是两个半升的小包装，这样就可以节省不少包装纸！

# 诺贝尔奖<sup>①</sup>之路

太神奇了！我非常肯定，云朵知道长方形的对角线比两条边都要长的道理，这是我亲眼看到的！我昨天发现，云朵捡回我扔出去的棍子，叼到自己窝里去的时候，把它沿着对角线的方向斜了过来。云朵真是超级聪明！

于是，我想要教它做一些很有用、很重要的事情。我要教它成为侦探，就像电视里的那条狗一样，去寻找那些失踪了的人。我开始教它找一些我找不着的东西，比如那只深蓝色的袜子，橄榄球比赛后它就不见了。我让云朵闻了闻剩下的那只，说："去吧，好好找找，把跟这只一模一样的袜子找回来。"它没有立刻明白我的意思，而是开始跟我玩起来，想从我手里抢走袜子。我把袜子收了起来，它就开始用各种办法寻找，最后从床底下找到了不翼而飞的那只。原来袜子躺在床底下很靠里的位置，平时基本上看不到。

可惜的是，我要把袜子从它嘴里拿出来，它却跟我拉扯着

---

① 事实上，诺贝尔奖项中未设数学奖。——编者注

玩，结果袜子被它咬出了两个洞（好在洞很小，也许妈妈可以帮我补上）。

明天这学期就结束了，我们要出发去海边玩。我想做一个很棒的实验，看看云朵是不是像科学家一样聪明，可以获得诺贝尔奖。我要把两个球扔到水里，看看它会不会选择最短的路，把两个球一个接一个地带回沙滩上来。

上课的时候，我们遇到了一个同样的问题，绞尽脑汁地想要解决它。一开始，我们认为所有的路线都是一样的，实际上并非如此，不能随便选！去捡第一个球的时候，要沿着与岸边垂直的路线过去，这个我们已经知道了；捡到第二个球回到岸边也是一样的。但是，捡到第一个球把它放回岸边，再游过去捡第二个球

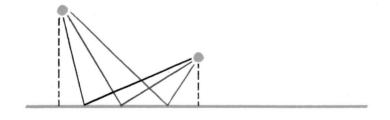

时，哪条路线是最短的呢?

用一个非常聪明的办法，就可以知道哪条路线是最短的，就是下面红色的这条。

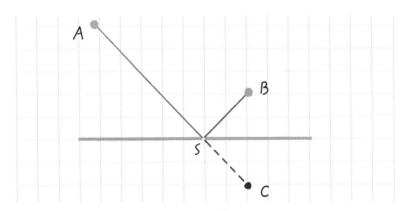

看到了吗? 如果你要从 *A* 点到 *C* 点而不是 *B* 点，最短的路线就是 *A* 点与 *C* 点间的线段。从 *A* 到 *C*，就等于从 *A* 到 *S*，再从 *S* 到 *B*——*SB* 等于 *SC*! 云朵会不会选最短的路线呢? 要是它真的这么做了，我就决定把诺贝尔奖颁给它!

# 云朵是最棒的

一到海边，我就把两个球扔到了水里。云朵把它们一一捡了回来，它走的路线是这样的：

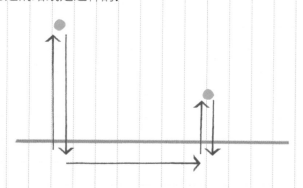

我有点失望，因为它选的路线竟然这么长。但是妈妈让我再仔细思考一下："云朵不喜欢游泳，所以尽管它选的路线不是最短的，但对它来说却是最省力最快的。它非常非常棒！"

妈妈说得对。如果不是捡两个球，而是需要救两个人，最重要的就是要速度快，而不是要路程最短。云朵真的很棒，我的云朵！

准备好铅笔、彩笔、剪刀
和胶棒，让我们开心地
给云朵做一个窝，
并涂上颜色。

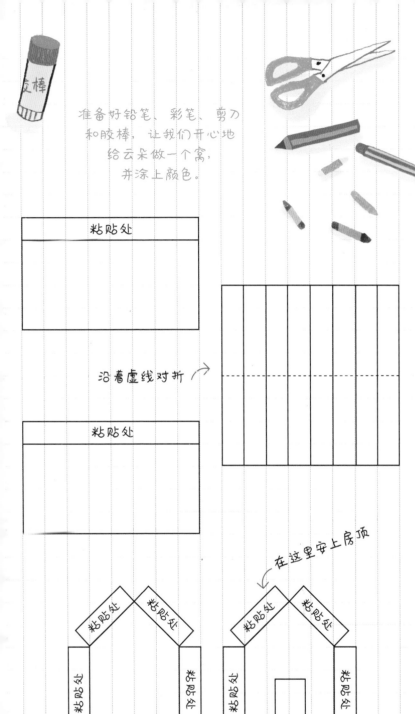

粘贴处

沿着虚线对折

粘贴处

在这里安上房顶

粘贴处　粘贴处

粘贴处　粘贴处

粘贴处

粘贴处

在这里粘上
两侧墙壁

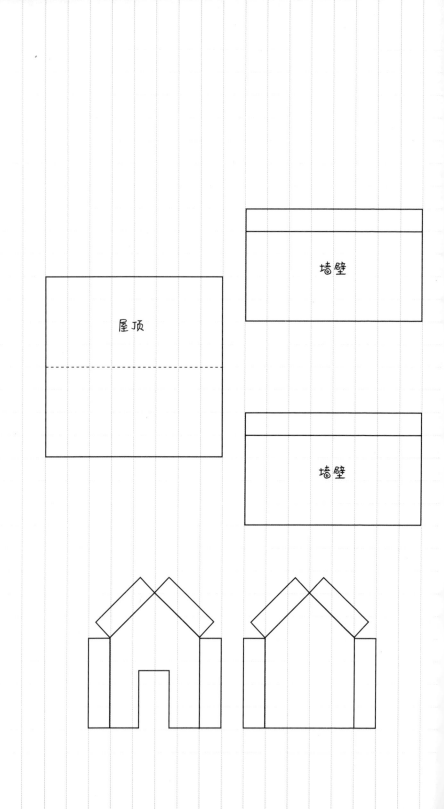

屋顶

墙壁

墙壁